中国饮食的故事

秦佳佳 / 著　　益新妍 / 绘

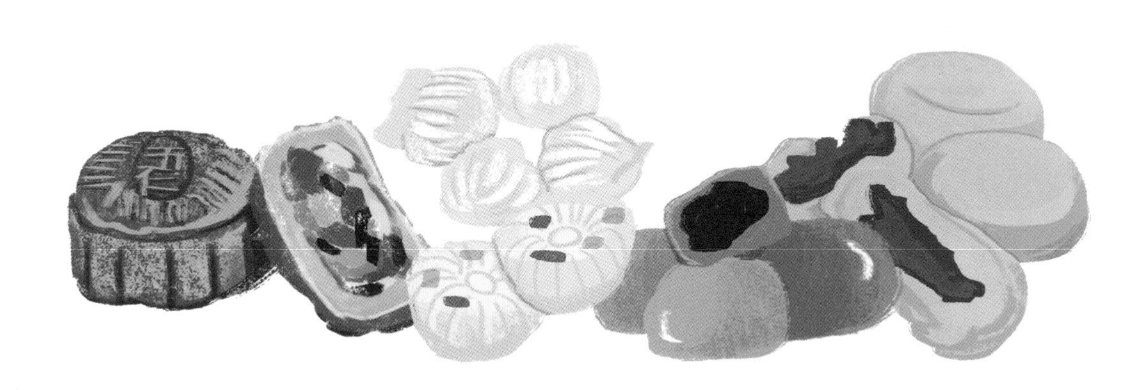

北方联合出版传媒（集团）股份有限公司
万卷出版公司

中国人打招呼，通常会问："吃了吗？"当在外求学或者漂泊多时的孩子回到家，家中长辈最先说的大多是："瘦了，在外面都没好好吃饭吧。"那一声声问候中，饱含的是亲人最质朴的关心。

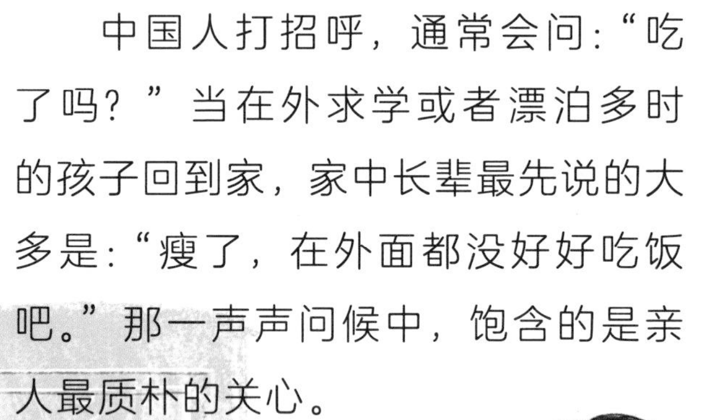

民以食为天，中国人对饮食的重视，由来已久。

圣人孔子曾说："饮食男女，人之大欲存焉。"只有填饱了肚子，生物才能存活，种族才能延续。非洲大草原上的狮子，终日也不过在为了食物而奔跑。而人类和动物不同的地方在于，动物填饱肚子便不考虑其他，人类在保证了自己的生存之后，发展了文明。

正所谓“仓廪实而知礼节，衣食足而知荣辱”，饮食是文明的根基。中国是四大文明古国之一，饮食文化也源远流长。

千百年来，中国人考虑的不仅是吃好的问题，还在其中悟出了人生的道理，将文化精神融入了生活的点点滴滴。

饭菜的香气如此特别，它会永久地停留在你的味蕾，印刻在你的脑海，在你心中留下一段故事。一个人对亲人、对家乡的感情，有一部分是靠食物的味道来维系的。偶尔尝到记忆中的味道，我们心中不免感慨万千，瞬间勾起许多昔日的回忆。

PK

豆腐脑吃甜的，还是吃咸的？五仁月饼是否要滚出月饼界？粽子是红枣馅的，还是肉馅的？实际上，大家在争论得面红耳赤时，只是在眷恋那份熟悉的味道，那份浓浓的情谊。

一地有一地之口味，一家有一家之食方，一节有一节之风俗。据史书记载，西晋时张翰在洛阳为官，因为见到秋风吹起，想起了自己家乡吴地（今江苏）的名菜——莼菜羹和鲈鱼脍。于是，他便说道：人生苦短，当及时行乐，怎么能为了追求高官厚禄而离家千里？后来，他辞官归家，也因此躲开了灾祸战乱。后人便用成语“莼鲈之思”或“莼羹鲈脍”来表达思乡之情。

我国幅员辽阔，地大物博，气候环境不一。上古时人们就注意到了南北方口味的差异。经过千年的发展，各地形成了独具特色、自成体系的菜系。

四大菜系为山东鲁菜、广东粤菜、江苏苏菜、四川川菜，再加上浙江浙菜、福建闽菜、湖南湘菜、安徽徽菜，构成了八大菜系。

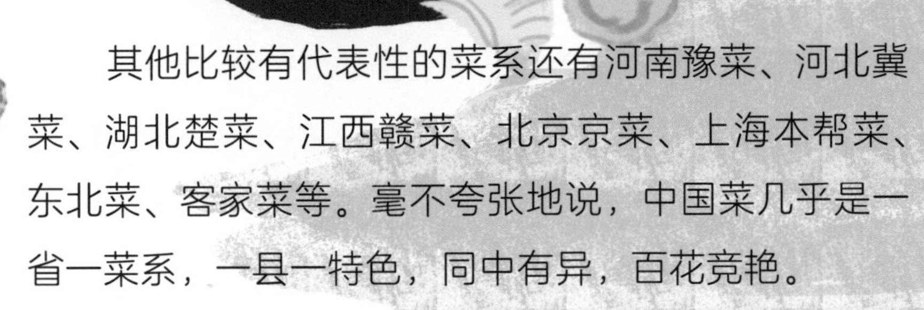

其他比较有代表性的菜系还有河南豫菜、河北冀菜、湖北楚菜、江西赣菜、北京京菜、上海本帮菜、东北菜、客家菜等。毫不夸张地说，中国菜几乎是一省一菜系，一县一特色，同中有异，百花竞艳。

粤菜取材广博，天上飞的、水里游的、地上跑的都能变成珍馐美味，广东人喜欢用瓦罐煲汤，一锅靓汤成了人们每日必备的养生佳品。

鲁菜在元明清三朝大量进入宫廷，属于皇家御膳，制作精细华贵，咸鲜兼备，清爽脆嫩，调味上喜用葱。

苏菜善用鱼虾，咸中带甜，擅于保持食物的原汁原味，当地的中式甜点也十分有名。

川菜以麻辣为特色，四川当地雨水丰沛，吃辣能去除体内的湿气，据说当地有五百种以上的特色小吃。

特色饮食是节日仪式感的重要体现。例如端午节吃粽子，便是为了纪念伟大的诗人屈原。屈原是战国时楚国人，楚王昏庸，听信谗言将他流放。后来，他听闻国都被秦军攻陷，在五月初五那天抱石投于汨罗江。人们崇敬屈原，为了纪念他，不让鱼虾啃食他的身躯，便发明了粽子，投入江中。这便是端午节的由来，端午节吃粽子的习俗延续至今。

再如，中秋节时，人们要吃月饼，月饼圆如满月，上面用模子制出图案，中间包着馅儿。人们发明了五仁月饼、莲蓉蛋黄月饼、水果月饼，甚至还有冰激凌月饼。在饮食上，中国人总是喜欢大胆尝试，推陈出新，做到极致。

不同身份的人，也有不同的饮食要求。中国清真菜本来专属回族人民，后广受大众欢迎。那一道清汤牛肉拉面更是因口感筋道、风味独特而红遍大江南北。

佛教传入中国后，不杀生、不吃肉被视为清规戒律，连葱、姜、蒜、韭菜等刺激性食物也在禁食之列。斋菜，或者说寺院菜就这样慢慢形成了。斋菜口味清淡，少油腻。如今，很多寺庙的斋菜都闻名天下，备受推崇。

被尊为“中华厨祖”“厨圣”的伊尹，是从厨中悟道之人。传说很久很久以前，采桑女把他从空桑中抱出，被有莘国国王的奴隶厨师收养。

伊尹聪明勤奋，学会了烹饪和农耕，对三皇五帝的治国之道颇有研究，还作为“师仆”负责教导贵族子弟，贤名远播。

夏朝末代君王夏桀残暴不仁，商汤求贤若渴，带着贵重之物，三番五次地邀请伊尹来辅佐自己。有莘王不肯答应放人，商汤无法，只能娶有莘王的女儿为妃子，伊尹作为陪嫁奴隶终于来到了商汤身边。

伊尹是史书记载的第一位帝王之师，他辅佐商汤夺取天下，治理国家。他既当过厨师，又当过宰相，将厨道和治国之道融为一体。

他对商汤说起人间至味："天下有三类动物。水居者味腥；食肉者味臊；吃草者味膻。凡味之本，水最为始。酸、甜、苦、辣、咸五味和水、木、火三材用上，水沸九次，味变九次。火候十分关键，大小火交替，可以灭腥，去臊，除膻，不失食物品质。调味离不开五味，用多少全凭自己口味。至于锅中变化，太过精妙细微，三言两语也难道尽。这其中还要考虑到阴阳转化和四季影响。这样食物才能久而不腐，熟而不烂，甘美而不过甜、过酸，咸又不会咸得发苦，辣而不烈，淡却不寡薄，肥而不腻，这才是人间至味啊！"

伊尹创立的“五味调和说”，其核心精神在于平衡、中和与适度，正所谓过犹不及。这些精神小到修身待人，大到治国理政都能适用。春秋时期，齐国的晏子便借用调和之说告诉齐王如何平衡君臣关系。

筷子是中国饮食文化的又一代表。据考古得知，先民们用勺子的历史约八千年，用叉子的历史约四千年，而使用筷子至少也有三千年的历史。

筷子最初叫“箸”。据说在明朝，江南的船家因为避讳“箸”的谐音词——“停住”和“虫蛀”，便将“箸”更名为“快儿”或“快子”。为了和“箸”联系起来，人们给“快”字加上竹字头，表明筷子是用竹木制成的。这个“筷”字兴起于民间，一开始不被承认，《康熙字典》中只有“箸”而没有“筷”。到了现代，筷子的称呼已经变得习以为常了。

筷子一头圆，一头方，对应着天圆地方，那是古人对世界的认知。当人们拿起筷子时，拇指食指在上，无名指小指在下，中指在中间，暗合了天、地、人——“三才”，三才生万物，人和世界就这样联系在了一起。

筷子有两根，暗合太极阴阳的理念。意为在合二为一的过程中，达成完满的结果。所以我们不说“两根筷子”，而说“一双筷子”。筷子的标准长度是七寸六分，代表着人有七情六欲，与动物不同。

使用筷子有相应的礼节。比如不能用筷子敲击碗盘，不能把筷子反过来使用，等等。可见，我们使用的不仅是筷子，还是文化。

饮食礼仪，是一种由外而内的修养。

关于如何以酒食待客，《周礼》《仪记》《礼记》中都有详细的记载。

可见，好好吃饭，也是一种内在的修养。

孔子提出“食不厌精、脍不厌细”。更具体的要求还包括当粮食变味、肉腐鱼烂、食物不合节令、没有相配的酱料等情况时，皆不食。他还倡导一系列饮食礼节，这些看似颇为烦琐，却符合现代社会中主张卫生干净、尊重食物等观点。

据传，三国时期蜀国丞相诸葛亮七擒七纵孟获，平定了南蛮之乱，渡江的时候却遇到了南蛮邪术的侵扰，必须祭祀河神。诸葛亮不忍心用人头祭祀，便发明了馒头作为替代品，投入水中。

北宋文豪苏东坡发明了诸多美食，最著名的便是东坡肉。他本名苏轼，号东坡居士。相传，他在徐州当知州时遭遇洪灾，他带领全城百姓筑堤抗洪。人们感恩他的付出，杀猪宰羊给他送去。苏轼收下后，指点家人将其制成红烧肉，回赠给百姓，并将做法传播了出去。人们吃到了如此美味，称它为“东坡回赠肉”。

明末董小宛是绣庄庄主的女儿，家境殷实，但她父亲突发恶疾过世，店中伙计偷走了财物，害得她家欠下巨债。董小宛没有消沉下去，而是寄情于山水美食，让生活尽量开怀自在。她腌制的咸菜，黄的如蜡，绿的如翠，色泽极好。

相传，董糖亦是董小宛思念爱人时发明的食物。细白糖、芝麻、饴糖再加上面粉制成的酥糖，吃起来酥松香甜，齿颊留香。

数千年来，人们对饮食形成了“色香味俱全”的高要求。色，包括色彩搭配和刀工技法，在视觉上给人以美感与享受。

香是嗅觉，用来勾起人们的食欲；味是味觉，食物的口感和滋味可在味蕾上绽放。

除了孔子，还有很多先贤都愿意用饮食来表明志向。周武王灭商，天下都归顺于周朝，唯独伯夷、叔齐认为诸侯讨伐君王是不仁之举，他们不做周民，不食周粟，逃到了首阳山上，以野果为生。后来有人说，这野果草木也都属于周朝！他们便绝食而死。

庄子用鹓鸰（类似凤凰）比喻自己，他说鹓鸰非梧桐不栖，非竹实不食，非醴泉不饮，以此体现其高洁品性。陶渊明更是“不为五斗米折腰”，最终选择了辞官归隐田园。

以上只是吃与不吃的抉择，屈原在《离骚》中表示：“朝饮木兰之坠露兮，夕餐秋菊之落英。”自然坠落的木兰露和菊花瓣，干净、纯洁而又芬芳。鲜花可以欣赏，可以变成香水，还可以送人来表达感情。对于中国人来说，鲜花还可以吃！以花入食，古人称之为“花馔”或“花食”。

鲜花能制作成点心、羹汤、菜肴，还能加工成花茶、花酒。

梅花汤饼出自宋代林洪的《山家清供》：将白梅洗净切成碎末，檀香煎出汁水，二者混合，加上面粉做成馄饨皮状；用铁模子凿取出梅花样子的薄片，加入撇干净油的鸡汤中煮熟，盛到碗中，梅香扑鼻。

豫菜中亦有一道名叫菊花豆腐的佳肴。

云南鲜花饼用玫瑰、蜂蜜和糖等材料制成，口感酥脆，清甜中透着花香，馅料艳丽的玫瑰色和表皮灿烂的金黄色更是相得益彰。

书画琴棋诗酒花，
当年件件不离它。
而今七事都更变，
柴米油盐酱醋茶。
——选自［清］查为仁《莲坡诗话》

风雅之事，离不开花，也离不开酒。曹操“对酒当歌，人生几何”；李白“举杯邀明月”；杜甫“白日放歌须纵酒”；苏轼“把酒问青天”。

酒中有花酿，桃花、菊花、桂花、茉莉等都可以用来酿酒。

听说，有时机缘巧合，人们还会在大山中发现一种“猴儿酒”。

果子也能酿酒，相传秦汉时古人用红枣酿酒，红枣酒香甜黏稠，色如琥珀，有延年益寿的功效。

名茶风雅，在日常生活中不可或缺。中国是最早发现和利用茶叶的国家，人们把茶当作解毒的药材、祭祀的供品、养生的饮料及食材。唐朝的陆羽被尊为“茶圣”，他撰写了第一部茶叶专著《茶经》。

中国的名茶有普洱、龙井、碧螺春、云雾茶、六安瓜片、信阳毛尖等二十余种。

古人还会用山泉水、花蕊间的雪水、雨水等来泡茶。《红楼梦》里就有一段用梅花雪水烹茶的故事。

合理地喝茶、饮酒有养生功效。我们日常吃的食物，古人也早就钻研出了它们的特殊疗效——姜辛辣温和，能够抵御风寒；红枣能补血；大蒜能杀菌；冰糖炖雪梨能止咳；山楂糕有助消化。

中国人口众多，长久占据着世界人口的较大比例，用以耕种的土地面积却没有那么多。为了长久地保存食物，人们发明了腌菜、泡菜、腊肉等，还会挖地窖储存食物。

“国家大本，食足为先。”没有足够的粮食，就无法养活日益增长的人口。古人为此做出了许多努力，主要包括发明先进的农具，开垦荒地，改良耕作方式等。

而到了科技飞速发展的现代，一大批农业科学家在杂交育种方面，取得了前所未有的成就。例如袁隆平爷爷的超级杂交水稻就已缓解了中国乃至世界的粮食危机。

图书在版编目（CIP）数据

中国饮食的故事 / 秦佳佳著；益新妍绘．—沈阳：
万卷出版公司，2022.1
ISBN 978-7-5470-5677-6

Ⅰ．①中… Ⅱ．①秦… ②益… Ⅲ．①饮食—文化—
中国—青少年读物 Ⅳ．①TS971.2-49

中国版本图书馆CIP数据核字(2021)第145214号

出 品 人：王维良
出版发行：北方联合出版传媒（集团）股份有限公司
万卷出版公司
（地址：沈阳市和平区十一纬路25号 邮编：110003）
印 刷 者：北京文昌阁彩色印刷有限责任公司
经 销 者：全国新华书店
幅面尺寸：185mm×260mm
字　　数：60千字
印　　张：2.75
出版时间：2022年1月第1版
印刷时间：2022年1月第1次印刷
责任编辑：王　越
责任校对：尹葆华
装帧设计：格林文化
ISBN 978-7-5470-5677-6
定　　价：28.00元
联系电话：024-23284090
传　　真：024-23284448
